Directeur de publications : Claude Cavelier
© **Editions du BRGM - Total édition PRESSE, 1988**
Dépôt légal : décembre 1988
Imprimé en France
Loi n° 49956 du 16 juillet 1949 sur les publications destinées à la jeunesse

La loi du 11 mars 1957 n'autorisant, aux termes des alinéas 2 et 3 de l'Article 41, d'une part, que les "copies ou reproductions strictement réservées à l'usage du copiste et non destinées à une utilisation collective" et, d'autre part, que les analyses et les courtes citations dans un but d'exemple et d'illustration, "toute représentation ou reproduction, intégrale ou partielle, faite sans le consentement de l'auteur ou de ses ayants droit ou ayants-cause, est illicite" (alinéa 1er de l'Article 40).
Cette représentation ou reproduction, par quelque procédé que ce soit, constituerait donc une contrefaçon sanctionnée par les Articles 425 et suivants du Code Pénal.

LES OBSERVATEURS DE LA TERRE
LA GRANDE AVENTURE DES YALLIENS

sur une idée originale de
Jérôme GOYALLON

La première colonie

Texte et mise en scène
Jérôme GOYALLON
Géologue au Bureau de Recherches Géologiques et Minières

avec la collaboration de
Jean-François BECQ-GIRAUDON
Géologue au Bureau de Recherches Géologiques et Minières

Dessin
J. Paul VOMORIN

Volume 3 - **LE PALÉOZOÏQUE**

(ÈRE PRIMAIRE)

TOTAL
TOTAL - ÉDITION PRESSE
5, rue Michel-Ange
75016 PARIS

ÉDITIONS DU B.R.G.M.
avenue de Concyr
45060 ORLÉANS Cedex 2

LE PALÉOZOÏQUE

OU ÈRE PRIMAIRE

± millions d'années	Thèmes	Pages
−580	Début du Cambrien. Répartition géographique	4
	La faune cambrienne	6-8
−500	Début de l'Ordovicien. Répartition géographique	10
	Le sable biodétritique. Les graptolites	11
	Les faunes ordoviciennes	12
	Climatologie et sédimentation	13
	Les premiers vertébrés	14
−440	La glaciation ordovicienne. Début du Silurien	15
	Formation d'une chaîne de montagnes	16
	La vie dans les mers siluriennes	17-19
−410	Les plantes sortent de l'eau	20
	Début du Dévonien. Les premiers animaux terrestres	21
	Développement des poissons	23-26
	L'air devient respirable. Apparition des amphibiens	27-28
−360	Début du Carbonifère	29
	Cartes géologiques et fossiles	30-32
	Les coraux	35
	Un "Himālaya" en France	37
	La forêt carbonifère et sa faune	38-40
	Le charbon	41
	Les premiers reptiles	42
−280	Début du Permien	43
	Changements climatiques sur le supercontinent	44
	Les gros reptiles	45
	La "valse" des continents durant l'ère primaire	46
	Les reptiles mammaliens	47
−250	La fin d'un monde	47-48

ÉCHELLES DES TEMPS GÉOLOGIQUES EN MILLIONS D'ANNÉES (Ma)*

1. - ÉCHELLE GÉNÉRALE

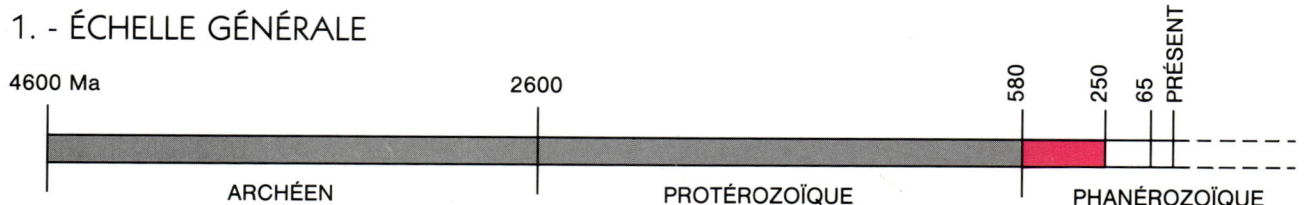

2. - ÉCHELLE DU PHANÉROZOÏQUE (DU GREC *phaneros* : VISIBLE, ET *zôon* : ANIMAL)

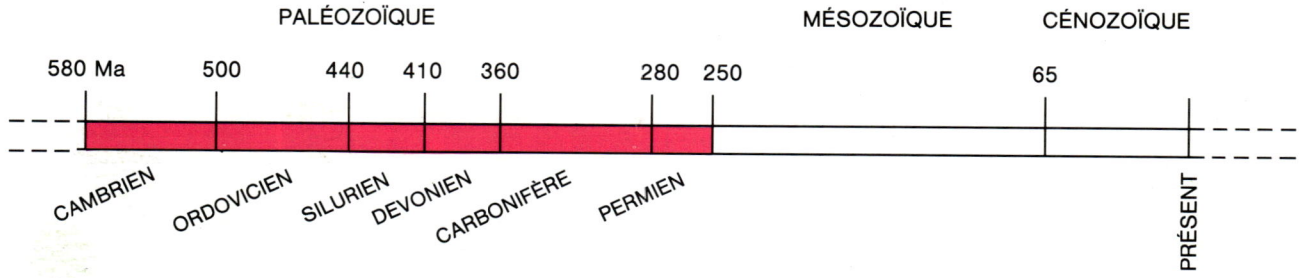

* ADMISES EN 1988

A paraître
Volume 4 - **L'ÈRE SECONDAIRE**

DEPUIS 4 MILLIARDS D'ANNÉES, LES EXILÉS DE YALL, UNE PLANÈTE DISPARUE, SUIVENT AVEC ATTENTION L'ÉVOLUTION D'UN AUTRE ASTRE: LA TERRE, CAR LEUR PROJET EST DE S'Y ÉTABLIR DURABLEMENT*...

* VOIR VOLUMES 1 ET 2.

SUR CETTE PLANÈTE CONVOITÉE, UNE ÈRE NOUVELLE PROMET ENFIN AUX 676 YALLIENS, LES PASSAGERS DE L'ARCHE DU COSMOS (A-D-C), LA PERSPECTIVE D'UNE VIE AGRÉABLE.

IL Y A PLUS D'UN DEMI-MILLIARD D'ANNÉES, P-A ET T-J LES PIONNIERS DE L'EXPLORATION TERRESTRE, ACCOMPAGNÉS DE LEURS FIDÈLES MASCOTTES, LES BAKOUS, SE DIRIGENT VERS LA PLANÈTE BLEUE À BORD DE LA NAVETTE Y-02...

L'ÈRE PRIMAIRE COMMENÇAIT PAR UNE PÉRIODE (OU SYSTÈME) APPELÉE AUJOURD'HUI: CAMBRIEN*

* DE CAMBRIA NOM LATIN DU PAYS DE GALLES.

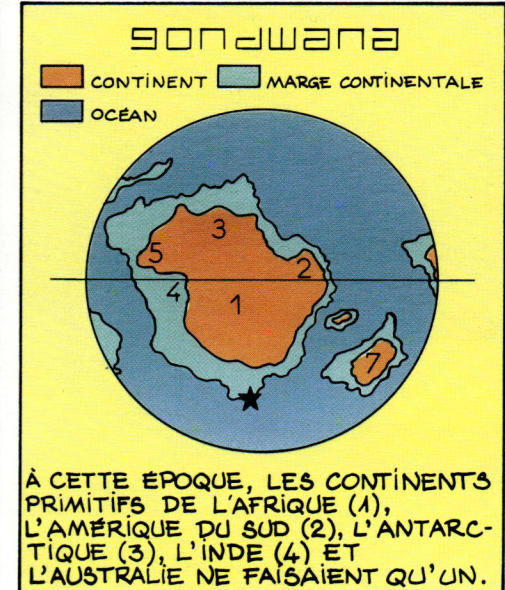

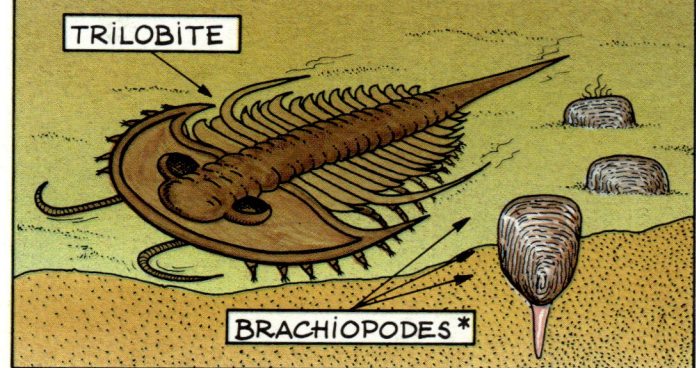

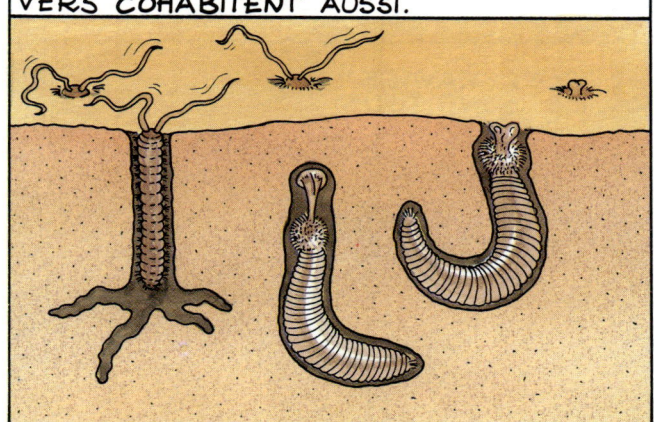

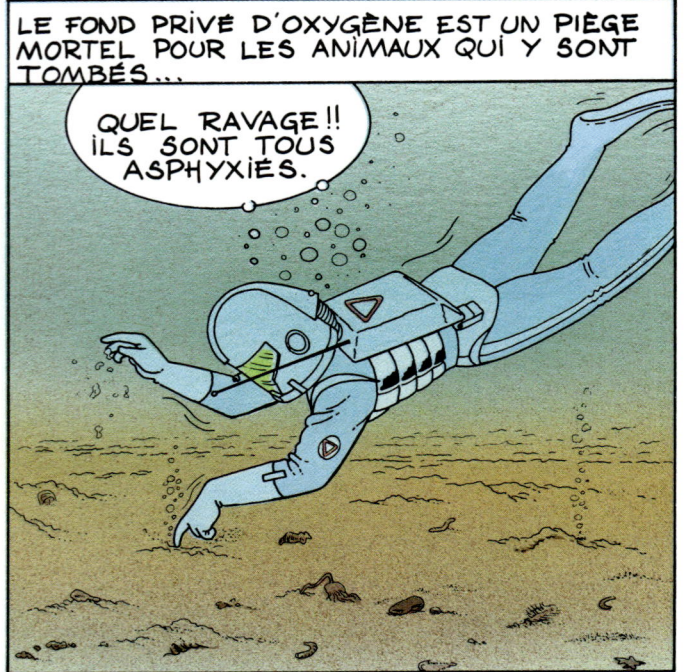

* quelques centimètres par siècle

QUAND LE CAMBRIEN PREND FIN, PRESQUE TOUS LES GROUPES D'INVERTÉBRÉS SONT CONSTITUÉS. UNE NOUVELLE ÉPOQUE COMMENCE: L'ORDOVICIEN (DE ORDOVICES, NOM D'UN PEUPLE GALLOIS).

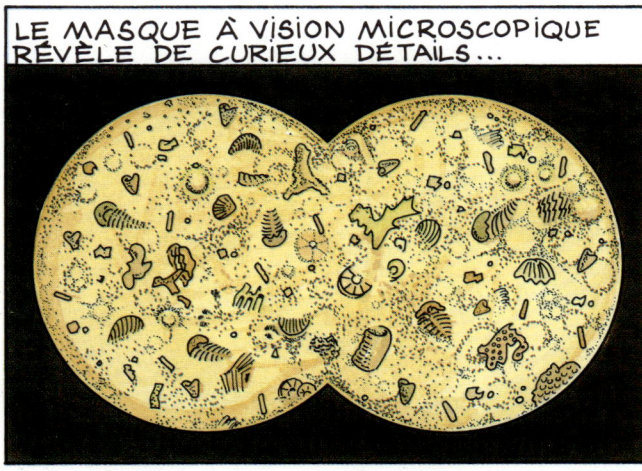

DURANT L'ORDOVICIEN, LA PETITE ÉQUIPE VISITE À PLUSIEURS REPRISES LES MERS QUI, À CHAQUE FOIS, LEUR RÉSERVENT D'INNOMBRABLES SURPRISES. LA DIVERSIFICATION DU MONDE VIVANT BAT SON PLEIN!

* ÉCHINODERMES, DU GREC EKHINOS: HÉRISSON, ET DERMA: PEAU.

* L'OURSIN, AUTRE ÉCHINODERME APPARU UN PEU PLUS TARD.

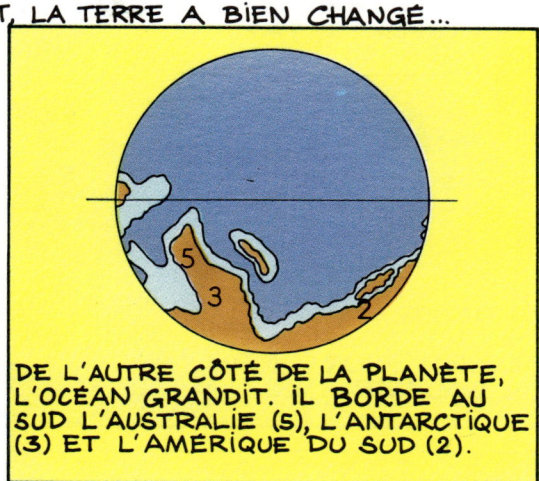
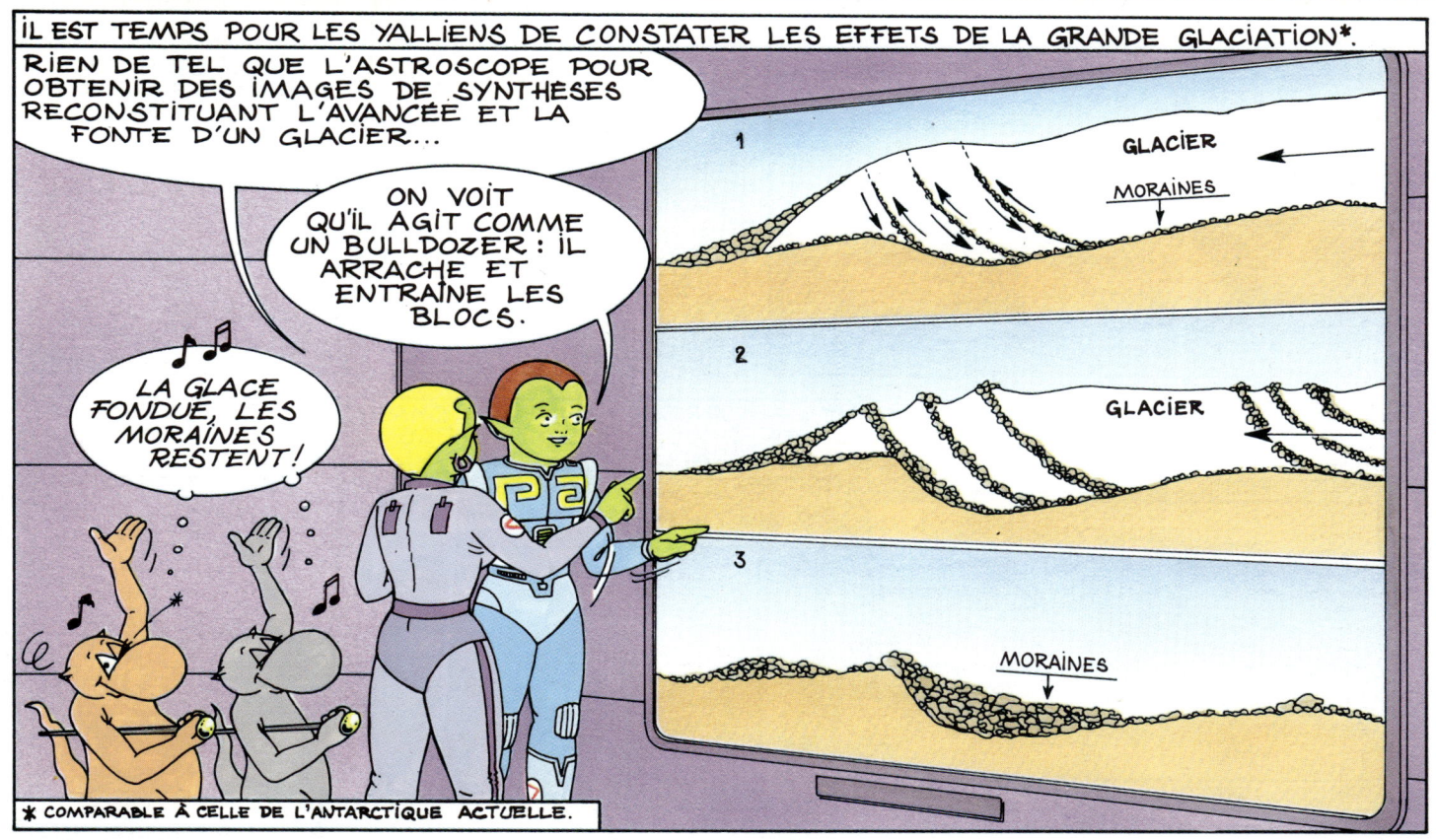

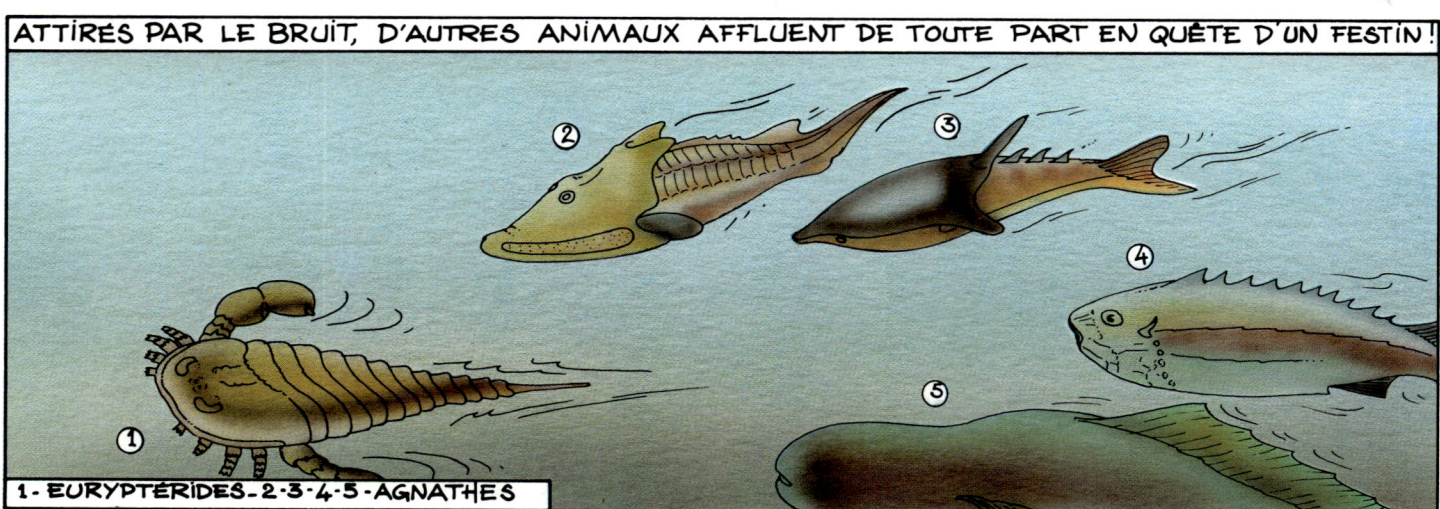

LE DÉVONIEN NE FAIT PAS EXCEPTION. LA TECTONIQUE DES PLAQUES TRANSFORME LENTEMENT MAIS CONSTAMMENT LA DISPOSITION DES CONTINENTS À LA SURFACE DE LA TERRE (VOIR VOLUME 2).

TOUJOURS SUR L'HÉMISPHÈRE SUD, LE GONDWANA (1) SE DÉPLACE VERS LE NORD ENTRAÎNANT AVEC LUI L'EUROPE DU SUD (7') DONT LA FRANCE (★). LE PÔLE SUD SE SITUE À LA LIMITE DE L'AFRIQUE DU SUD ET DU BRÉSIL ALORS JOINTS.

L'AMÉRIQUE DU NORD (6) ET L'EUROPE DU NORD (7) S'ASSEMBLENT AVEC L'ASIE, DONNANT NAISSANCE À UN VASTE CONTINENT APPELÉ LAURASIA. LA CHINE (9) EST ENCORE ISOLÉE.

VOUS AVEZ REMARQUÉ ? TOUTES LES PLATES-FORMES CONVERGENT SUR UNE MOITIÉ DE PLANÈTE !!

MORBLEU ! IL A RAISON, DE L'AUTRE CÔTÉ ON N'Y VOIT QUE DU BLEU !

LA PLANÈTE BLEUE DEVIENT PLUS BLEUE QUE BLEU !!

TANDIS QUE SE POURSUIT LE SOULÈVEMENT DE LA CHAÎNE CALÉDONIENNE, L'ÉROSION ATTAQUE LES RELIEFS.

L'USURE A LE DESSUS SUR LA SURRECTION, C'EST SÛR !

♪ AVEC LE TEMPS, VA ! ♪ TOUT S'EN VA ! ♪

L'INEXISTENCE DE LA VÉGÉTATION SUR LES HAUTEURS FAVORISE LA DÉSAGRÉGATION DES ROCHES DONT LES DÉBRIS SE DÉPOSENT EN CONTREBAS.

ICI, LES COUCHES SE SONT FORMÉES HORS DE LA MER ; CE SONT DONC DES SÉDIMENTS CONTINENTAUX DÉTRITIQUES*.

L'ALTERNANCE DES PLUIES ET DES PÉRIODES ARIDES LES A CIMENTÉS EN GRÈS ROUGES, À LEUR TOUR ÉRODÉS...

*APPELÉS AUJOURD'HUI PAR LES TERRIENS "VIEUX GRÈS ROUGES" CAR TEINTÉS PAR L'OXYDE DE FER.

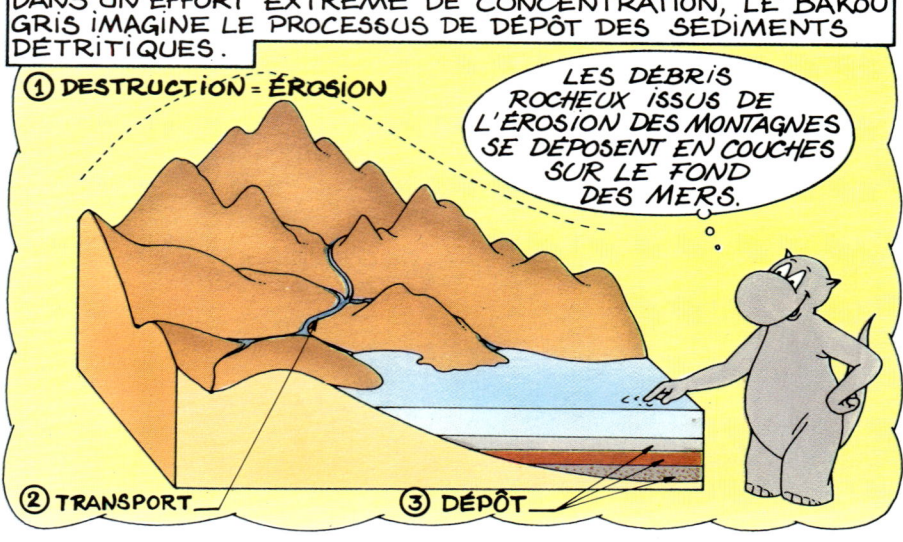

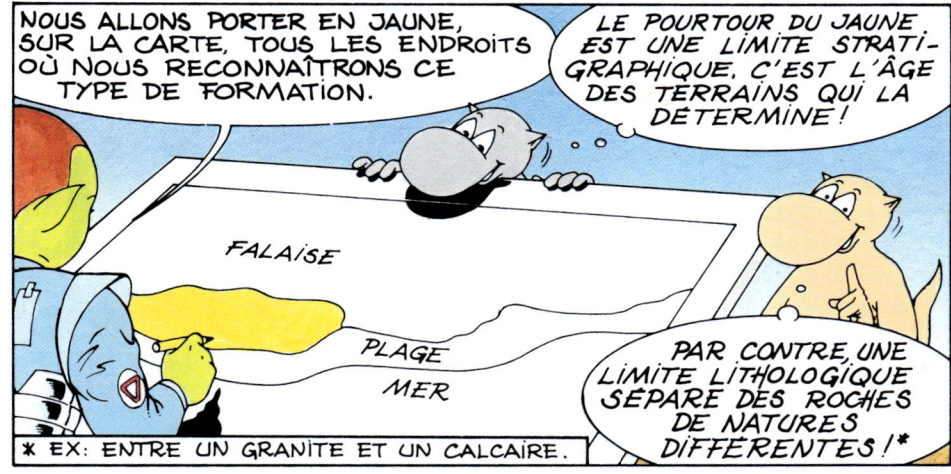

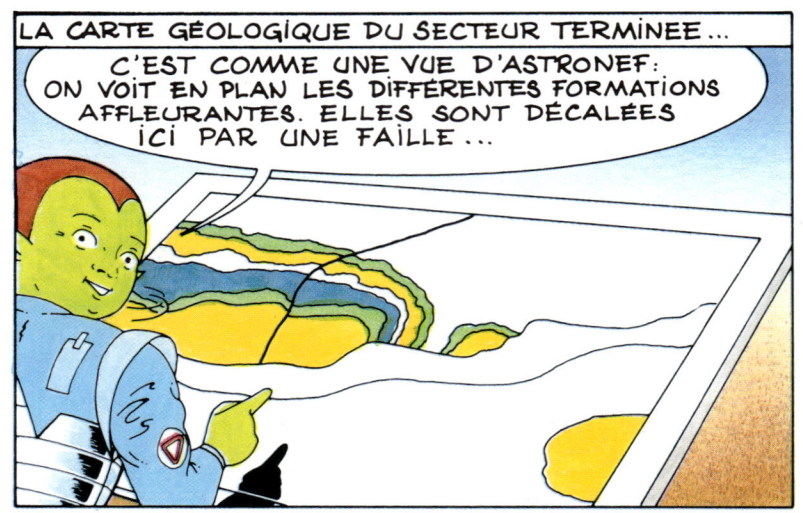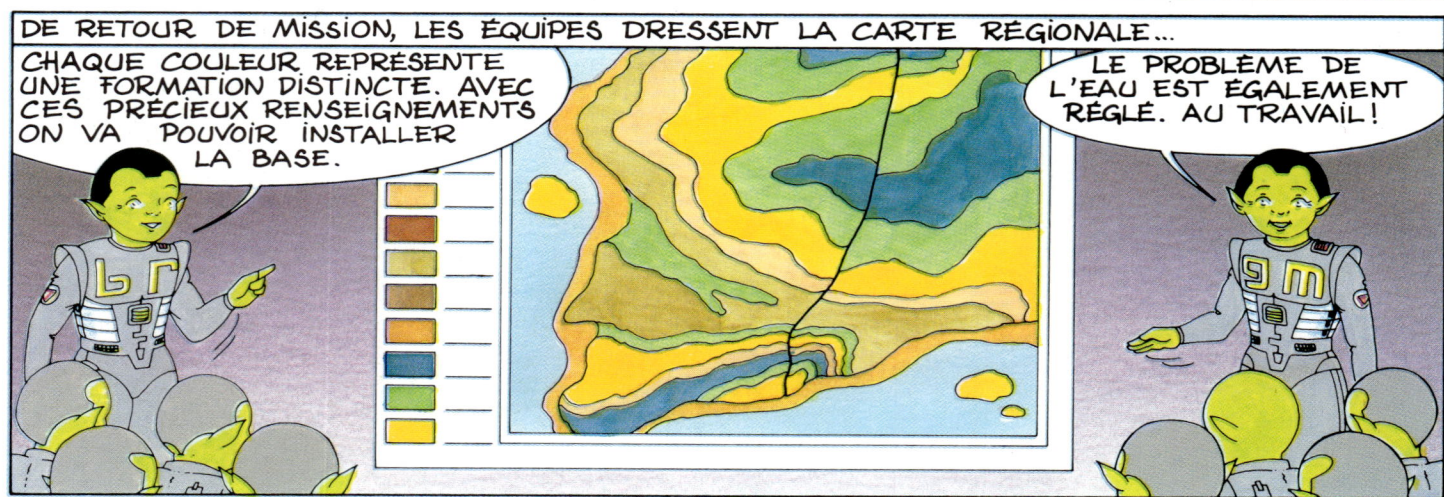

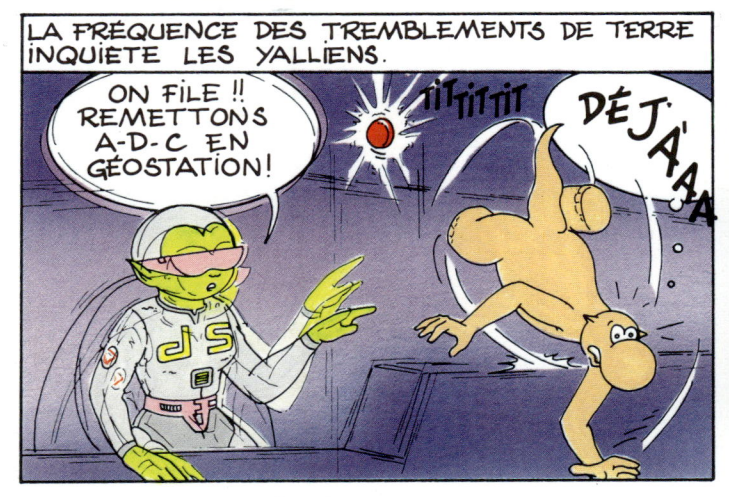

ENGENDRÉS PAR LA TECTONIQUE DES PLAQUES CONSTAMMENT ACTIVES, DES CORDILLÈRES LOCALES, DES FOSSES ET DES BASSINS PEU PROFONDS SE FONT ET SE DÉFONT, PONCTUÉS PAR DES SÉISMES.

CELA S'ACCOMPAGNE D'ÉNORMES QUANTITÉS DE DÉPÔTS DÉTRITIQUES...

...NOTAMMENT DANS LA FOSSE ENTRE LES PLATES-FORMES.

CES BASSINS ABRITENT DES "MERS DE CORAIL" TIÈDES OÙ PROSPÈRE UNE FAUNE COLORÉE...

TIENS, TIENS! APRÈS LES COLONIAUX, VOICI LES CORAUX SOLITAIRES!

TIENS, TIENS! APRÈS LES SOLITAIRES, VOICI LES CORAUX COLONIAUX!

SUR LES RIVAGES, L'EAU "GRIGNOTE" PEU À PEU LA VÉGÉTATION TERRESTRE. DANS LES LAGUNES, DÉSERTÉES PAR LES ANIMAUX, CELLE-CI POURRIT ET EST ENFOUIE SOUS D'AUTRES SÉDIMENTS.

POUAH!! IL NE PEUT PAS PUER PLUS!

LA FRÉQUENCE DES TREMBLEMENTS DE TERRE INQUIÈTE LES YALLIENS.

ON FILE!! REMETTONS A-D-C EN GÉOSTATION!

TIT TIT TIT

DÉJÀÀÀ

LE TÉLESCOPAGE COLOSSAL DES CONTINENTS SE POURSUIT, BROYANT ET ÉJECTANT LES SÉDIMENTS MARINS QUI LES SÉPARENT...

ZZZZ

LES YALLIENS NE VERRONT L'AMPLEUR DU PHÉNOMÈNE QU'APRÈS LEUR RÉVEIL!...

-310 Ma CARBONIFÈRE SUPÉRIEUR* -280 Ma

* APPELÉ PENNSYLVANIEN EN AMÉRIQUE DU NORD.

— DEBOUT, LÀ-DEDANS !

— ÉH BIEN ! QUE FAITES-VOUS SOUS LE MATELAS ?

— EUH... RIEN !... ON RETAPE LE LIT !...

LE REGROUPEMENT DES CONTINENTS EST DE PLUS EN PLUS MARQUÉ. LA SUTURE DU GONDWANA AU SUD ET DE LA LAURASIA AU NORD EST CHOSE FAITE. L'EUROPE (7 ET 7'), LES DEUX AMÉRIQUES (2 ET 6) ET L'AFRIQUE (1) SONT SOUDÉES SUR L'ÉQUATEUR ET SOLIDAIRES DES TERRES AUSTRALES DONT L'ANTARCTIQUE (3) AU PÔLE SUD.

SUR L'HÉMISPHÈRE NORD, LA SIBÉRIE (8) ET LA CHINE (9) SONT ENCORE DES ÎLES.

L'AUTRE FACE DE LA TERRE EST OCCUPÉE PAR LA PANTHALASSA, "L'OCÉAN MONDIAL", BORDÉE AU SUD PAR L'AUSTRALIE (5) ACCOLÉE À L'ANTARCTIQUE (3).

LA MER ET LES RIVAGES OÙ NOUS ÉTIONS BASÉS SONT DEVENUS UNE CHAÎNE MONTAGNEUSE.* ALLONS VOIR ÇA !...

— PAS ORIGINAL LE PROGRAMME !... SAUF SI ON PEUT FAIRE DU SKI.

— IL SE CROIT FORT EN SPORT, À TORT !

* APPELÉE CHAÎNE HERCYNIENNE OU VARISQUE.

— ON VA ATTERRIR À L'ENDROIT OÙ LA COLLISION DES PLAQUES EST LE PLUS SPECTACULAIRE*.

* QUELQUE PART EN FRANCE.

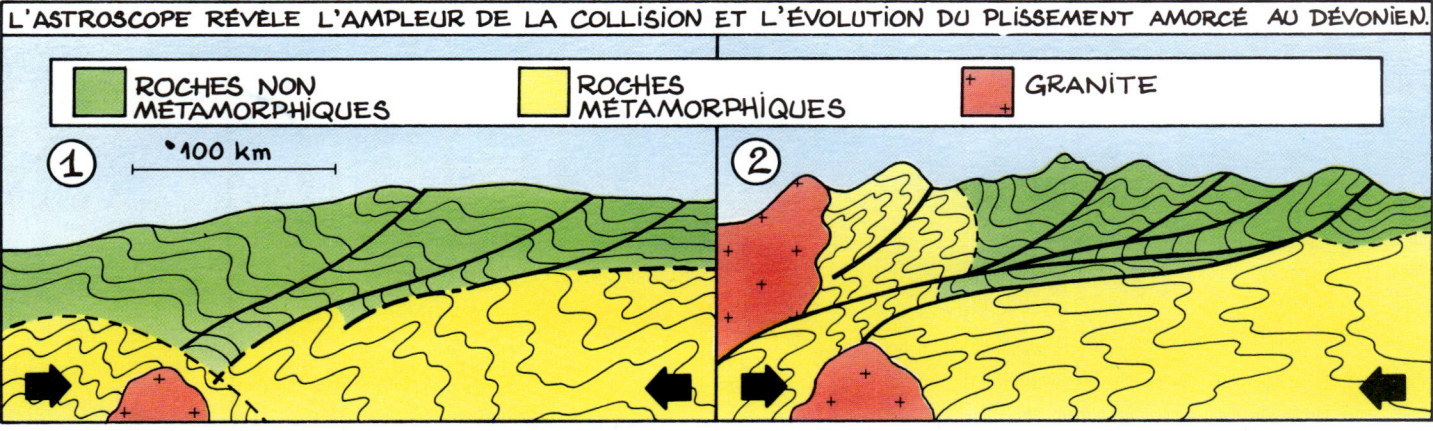

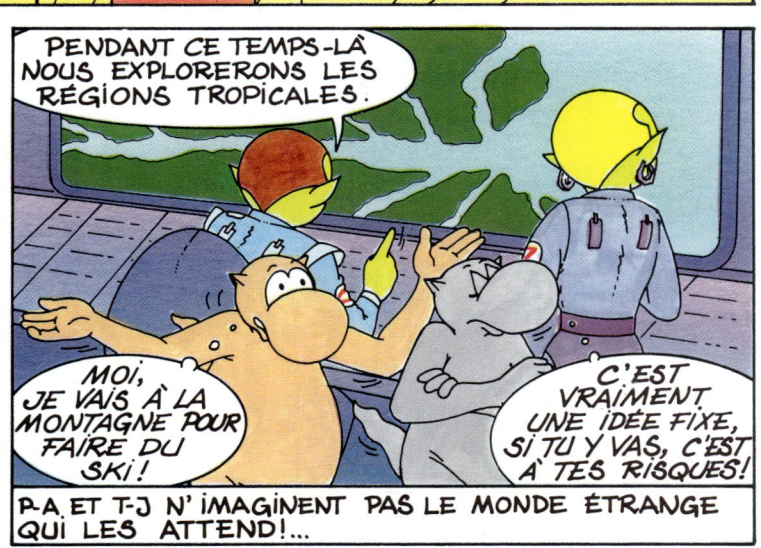

- PAS MOYEN DE SE POSER ICI! ON DESCEND DANS LA PLAINE.
- CHOUETTE, IL NEIGE!

QUELQUES INSTANTS PLUS TARD...
- ZUT, IL PLEUT!!

APRÈS UNE DÉLICATE MANŒUVRE L'ASTRONEF GÉANT TOUCHE LE SOL...
- QUELS SOMMETS! ON N'A JAMAIS VU SI HAUT*!
- JE PARIE QU'ON VA RETROUVER DES TRILOBITES AU SOMMET!!!

* AMORCÉE AU DÉVONIEN, UNE MONTAGNE COMPARABLE À L'HIMALAYA OCCUPAIT LA BRETAGNE ET LE MASSIF CENTRAL.

L'ASTROSCOPE RÉVÈLE L'AMPLEUR DE LA COLLISION ET L'ÉVOLUTION DU PLISSEMENT AMORCÉ AU DÉVONIEN.

- ROCHES NON MÉTAMORPHIQUES (vert)
- ROCHES MÉTAMORPHIQUES (jaune)
- GRANITE (rouge)

① 100 km   ②

- LA MONTÉE DES GRANITES MÉTALLIFÈRES VA NOUS FOURNIR LES MATIÈRES PREMIÈRES POUR AMÉLIORER NOTRE INSTALLATION...
- ...NOUS ALLONS ÉTUDIER LES GISEMENTS POUR ÉVALUER LEUR TENEUR.

* CES MÊMES MÉTAUX FERONT (BEAUCOUP PLUS TARD!) LA RICHESSE DES CIVILISATIONS ROMAINE ET MÉDIÉVALE EN EUROPE (ÉTAIN, PLOMB, ZINC, OR...).

- PENDANT CE TEMPS-LÀ NOUS EXPLORERONS LES RÉGIONS TROPICALES.
- MOI, JE VAIS À LA MONTAGNE POUR FAIRE DU SKI!
- C'EST VRAIMENT UNE IDÉE FIXE, SI TU Y VAS, C'EST À TES RISQUES!

P.-A. ET T-J N'IMAGINENT PAS LE MONDE ÉTRANGE QUI LES ATTEND!...

> LE TEMPS PASSE, L'EXPÉDITION MENÉE PAR T-J ET P-A S'AVÈRE DE PLUS EN PLUS DIFFICILE, LES ZONES DE PLAINES AU PIED DES MONTAGNES SONT ENVAHIES PAR DES JUNGLES DENSES ET HUMIDES*.

— QUELLE POISSE ! C'EST L'ENFER VERT !

— HEUREUSEMENT QUE LES ANIMAUX NE SONT PAS DEVENUS AUSSI MONSTRUEUX QUE LES PLANTES !

— J'AI L'IMPRESSION QU'ON NOUS ÉPIE !

* NOTAMMENT EN EUROPE ET EN AMÉRIQUE DU NORD.

MALGRÉ L'INTUITION DU BAKOU, LES EXPLORATEURS N'ONT PAS VU LES ÉTRANGES CRÉATURES QUI LES OBSERVENT !...
PLUS HAUT, LA JUNGLE DEVIENT CLAIRSEMÉE, ON VA SOUFFLER UN PEU...
LES NAVETTES VONT POUVOIR NOUS REPRENDRE !
UNE LARGE CLAIRIÈRE ACCUEILLE LA PETITE ÉQUIPE EXTÉNUÉE...
L'ENDROIT EST IDÉAL POUR ATTERRIR.
JE COMMENÇAIS À DÉSESPÉRER !... ICI, ON VA SÉCHER, AU MOINS !
POURTANT, LA JOIE DES YALLIENS ET DU BAKOU EST DE COURTE DURÉE. CES LIEUX MOINS HUMIDES SONT LE REPÈRE D'INSECTES VORACES ET PARFOIS VENIMEUX !...
POUAH !... DES BLATTES !
AU SECOURS ! UNE ARAIGNÉE GÉANTE.
OUF !
SANS CETTE "LIBELLULE"*, J'ÉTAIS UN BAKOU MORT !
DESCENDS ! J'AI ASSEZ CHAUD COMME ÇA !
*Meganeura ATTEIGNANT 70cm D'ENVERGURE
RIEN DE TEL QU'UN BON SIÈGE POUR...
MAIS ?!... IL BOUGE !

ALLEZ COUCHER!... COUCHÉ, LE MILLE-PATTES*!

LES NAVETTES!

IL Y A DES JOURS OÙ ON EST CONTENT DE RETROUVER G-I!

* arthropleura POUVAIT ATTEINDRE 1,80m DE LONG.

IL ÉTAIT TEMPS QU'ON ARRIVE, VOUS ÊTES EN PITEUX ÉTAT!

TIENS! UNE FOUGÈRE À GRAINES.

ON A APERÇU DES MONSTRES, PLUS BAS DANS LES MARÉCAGES, ON Y VA?...

NON MERCI, J'AI DÉJÀ DONNÉ!!!

PRÈS DE L'EAU, G-I RETROUVE LES ANIMAUX QU'IL AVAIT REPÉRÉS...

VENEZ VOIR! CE SONT DIFFÉRENTES SORTES D'AMPHIBIENS.

CHUT!

QUEL ZOO! JE ME DOUTAIS BIEN QUE DES BÊTES RÔDAIENT DANS LE COIN!

INCROYABLE! IL Y A MÊME DES AMPHIBIENS SERPENTIFORMES!

1- eogrynus   2- diplocaulus   3- phlegthontia   4- gephyrostegus   5- solendonsaurus

40

EN VENANT VOUS CHERCHER, ON A SURVOLÉ DES MARÉCAGES ET DES LAGUNES OÙ VA SE FORMER LE CHARBON. CELA VA VOUS INTÉRESSER !...

QU'OUÏS-JE ? LA MISSION N'EST PAS FINIE ?

ON ARRIVE !

L'ASTROSCOPE PERMET DE FAIRE UNE COUPE SIMPLIFIÉE QUI SERT À RETRACER EN ACCÉLÉRÉ LE PHÉNOMÈNE.

OUF, JE CROYAIS QU'ON REGARDAIT EN DIRECT !

① SUR LE LITTORAL, LES DÉBRIS VÉGÉTAUX DE LA FORÊT SE DÉPOSENT DANS LA LAGUNE. LEUR TRANSFORMATION À L'ABRI DE L'AIR EN FERA DU CHARBON...

LAGUNE

IL FAUT DIRE QUE LE PHÉNOMÈNE EST RÉPÉTITIF ET QUE CHAQUE PHASE DURE PLUSIEURS DIZAINES DE MILLIERS D'ANNÉES !

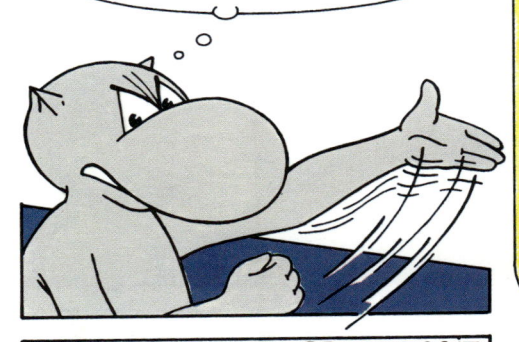

② LA PLAINE MARÉCAGEUSE S'AFFAISSE*, PERMETTANT À L'EAU DE RECOUVRIR PROGRESSIVEMENT LES AIRES DE VÉGÉTATION. LA DESTRUCTION DE LA FORÊT ET L'ÉROSION S'ACCÉLÈRENT; LES DÉBRIS SONT ENFOUIS SOUS DES SÉDIMENTS D'ARGILES ET DE SABLES...

* CE PHÉNOMÈNE S'APPELLE LA SUBSIDENCE.

L'ENFOUISSEMENT PROGRESSIF PROVOQUE UNE AUGMENTATION DE TEMPÉRATURE. L'EAU EST EXPULSÉE ET LA MATIÈRE ORGANIQUE SE TRANSFORME EN CHARBON.

ON VA COLLECTER DES ÉCHANTILLONS POUR B-R ET G-M !

③ LA LAGUNE SE COMBLE ET LA FORÊT SE RÉINSTALLE. DE NOUVEAUX CYCLES SE SUCCÈDENT, PERMETTANT LA FORMATION D'AUTRES COUCHES DE CHARBON*...

* ON COMPTE PARFOIS PLUSIEURS CENTAINES DE CYCLES SUR DES ÉPAISSEURS DE PLUSIEURS MILLIERS DE MÈTRES.

LE CARBONIFÈRE, REMARQUABLE POUR SES FORÊTS HOUILLÈRES, PREND FIN. LA PÉRIODE QUI S'ANNONCE SE NOMME LE PERMIEN (DE PERM, VILLE D'U.R.S.S.).

−280 Ma PERMIEN −250 Ma

UN MANTEAU DE GLACE ET DE NEIGE A RECOUVERT L'ASTRONEF GÉANT OÙ, À L'ABRI DU FROID POLAIRE, LES YALLIENS ACCUMULENT L'ÉNERGIE LEUR PERMETTANT LA VIE ÉTERNELLE...

À LEUR RÉVEIL...

QUEL BLIZZARD! METTONS LE CAP AU NORD, ET VITE!...

FINI DE JOUER LES BAKOUS, ON N'ATTEND PLUS QUE V...!!

PAF

LOUPÉ!!

UN PEU PLUS TARD, LES OBSERVATEURS DE LA TERRE DÉCOUVRENT DE L'ESPACE, LE NOUVEAU "VISAGE" DE LA PLANÈTE BLEUE.

IL Y A PRÈS DE 270 Ma, P-A ET T-J REPARTENT EN ÉCLAIREURS. B-R, G-M ET LES BAKOUS LES ACCOMPAGNENT...

ENCORE QUELQUES MILLIONS D'ANNÉES ET IL N'Y AURA PLUS QU'UN SEUL SUPER-CONTINENT.

SUR L'ÉQUATEUR, ILS RETROUVENT LA FORÊT.

LE REGROUPEMENT DES CONTINENTS ET LA GLACIATION BOULEVERSENT LE CLIMAT SUR L'ENSEMBLE DE LA PLANÈTE.

D'AILLEURS, LA JUNGLE EST MOINS ÉTENDUE ET MOINS DENSE!

- IL FAUT TROUVER UN ENDROIT PLUS ACCUEILLANT POUR INSTALLER A-D-C!

QUITTANT LA FORÊT, LES EXPLORATEURS ABORDENT DES CONTRÉES BEAUCOUP PLUS SÈCHES...

- LAISSONS LES NAVETTES ICI ON VA REJOINDRE CETTE VALLÉE À PIED.
- EN SE DÉPÊCHANT, ON ARRIVERA AVANT LA NUIT!
- C'EST DE LA FOLIE PAR CETTE CHALEUR TORRIDE!

RALENTIS PAR LES OBSERVATIONS DE TERRAIN, LES YALLIENS SONT SURPRIS PAR LA NUIT...

- FICHTRE! ILS NE SAVENT PAS FAIRE DEUX PAS SANS RAMASSER UN CAILLOU!!

L'OBJECTIF ATTEINT...

- UNE RIVIÈRE BARRE LA ROUTE. ON VA BIVOUAQUER ICI!
- CE N'EST PAS TROP TÔT!

TERRASSÉS PAR LA FATIGUE, LES MEMBRES DE L'EXPÉDITION TOMBENT DANS UN PROFOND SOMMEIL... TROP PROFOND SANS DOUTE!...

AU LEVER DU JOUR...

- LAISSE-MOI DORMIR, JE T'AI DIT!!!
- GUILI GUILI
- ???

L'OBSTINATION DE L'INCONNU TIRE POURTANT DE FAÇON SPECTACULAIRE LE BAKOU DE SON SOMMEIL!... **AU SEC...** ARRGL! !	RIEN À CRAINDRE, C'EST UN GROS REPTILE HERBIVORE* *Edaphosaurus
MALGRÉ SA TAILLE IMPOSANTE (3,5m DE LONG), L'ANIMAL EST TRÈS DOCILE. ALLEZ! PLUS VITE! LÀ-BAS, IL Y EN A UN AUTRE, ON VA POUVOIR FAIRE LA COURSE!	MALGRÉ LA RESSEMBLANCE, L'AUTRE MONSTRE EST UN REDOUTABLE CARNASSIER LE DIMETRODON. SAUVE QUI P... PLOUF

LA RIVIÈRE N'EST PAS LE REFUGE ESPÉRÉ, UN DANGEREUX MÉSOSAURE MENACE LE BAKOU... OUF!... QUOI?? QUE?!...

...QUI ÉCHAPPE DE JUSTESSE À SES POURSUIVANTS! LE MONDE DES REPTILES S'EST DIVERSIFIÉ DE FAÇON ÉTONNANTE, MÉFIONS-NOUS! À QUI LE DIS-TU!!

ET DIRE QU'IL FAUT REJOINDRE LES NAVETTES À PIED... JE NE VOUS RACONTE PAS!!

À LA SURFACE DE LA PLANÈTE, LES DERNIERS SOUBRESAUTS OCCASIONNÉS PAR LA COLLISION DES CONTINENTS ENTRAÎNENT LA FORMATION DES APPALACHES*. EN ROUTE POUR L'ARCHE! ON VA FAIRE LE POINT.

*MASSIF MONTAGNEUX DE L'EST DE L'AMÉRIQUE DU NORD.

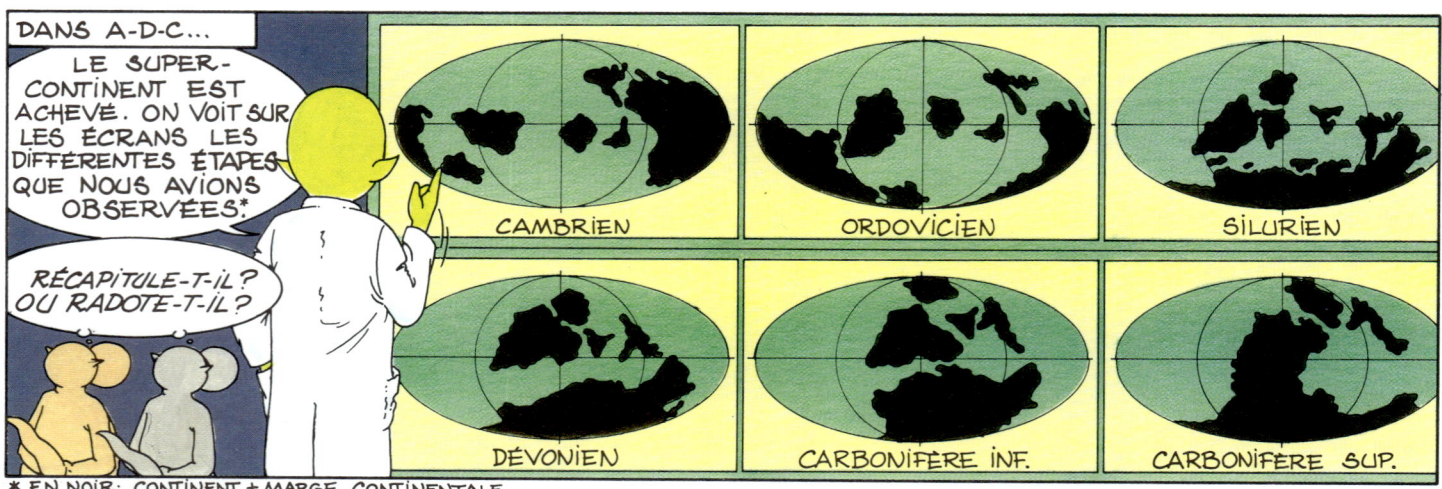

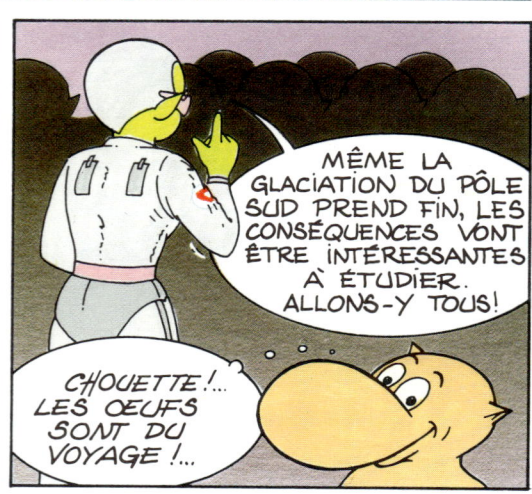

DANS A-D-C...
LE SUPER-CONTINENT EST ACHEVÉ. ON VOIT SUR LES ÉCRANS LES DIFFÉRENTES ÉTAPES QUE NOUS AVIONS OBSERVÉES.*

RÉCAPITULE-T-IL ? OU RADOTE-T-IL ?

| CAMBRIEN | ORDOVICIEN | SILURIEN |
| DÉVONIEN | CARBONIFÈRE INF. | CARBONIFÈRE SUP. |

* EN NOIR : CONTINENT + MARGE CONTINENTALE

ET VOICI LE RÉSULTAT !* ON COMPREND QUE DE SI VASTES ÉTENDUES SOIENT DEVENUES ARIDES !

PERMIEN

* APPELÉ PANGÉE (DU GREC *Pan* = UNIVERSEL ET *Gê* = DÉESSE DE LA TERRE).

MÊME LA GLACIATION DU PÔLE SUD PREND FIN, LES CONSÉQUENCES VONT ÊTRE INTÉRESSANTES À ÉTUDIER. ALLONS-Y TOUS !

CHOUETTE !... LES OEUFS SONT DU VOYAGE !...

L'ARCHE DU COSMOS SURVOLE UN PAYSAGE ÉTONNANT : LE RETRAIT DE LA GLACE LAISSE DERRIÈRE ELLE UN RÉSEAU DE MÉANDRES QUI ALIMENTE UN LAC GLACIAIRE. SUR L'AUTRE RIVAGE, LA VIE A REPRIS SES DROITS : D'IMMENSES MARÉCAGES ONT REMPLACÉ LA GLACE.

CETTE VÉGÉTATION SE TRANSFORMERA EN CHARBON. CE SONT LES GRANDS GISEMENTS EXPLOITÉS ACTUELLEMENT EN AFRIQUE DU SUD.

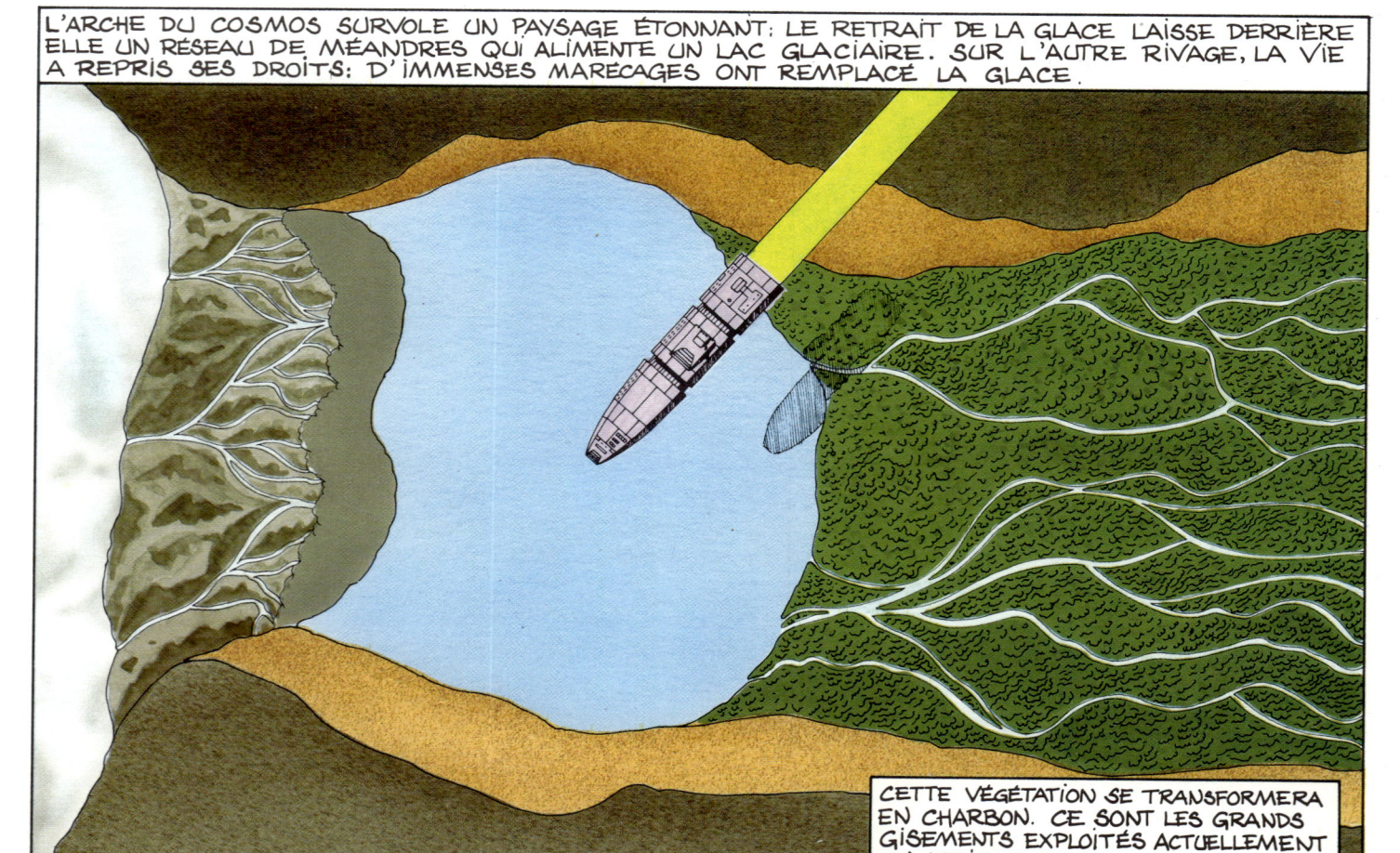

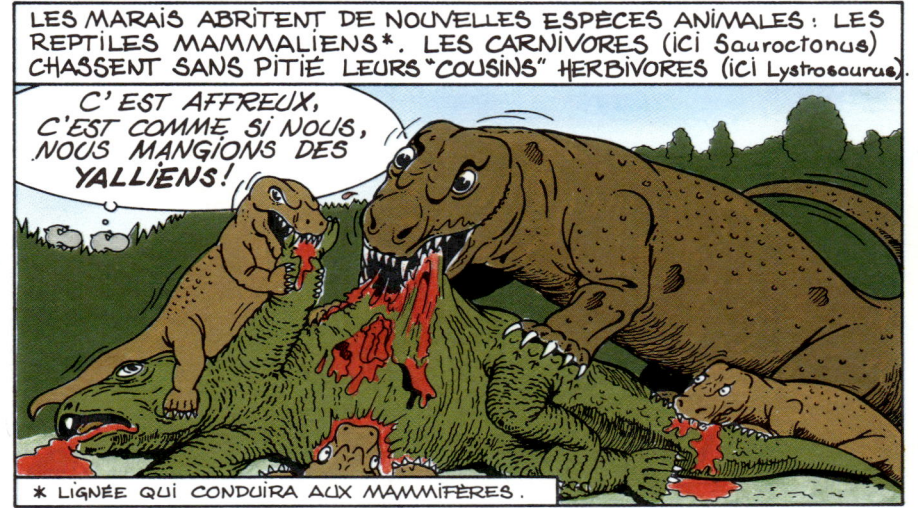

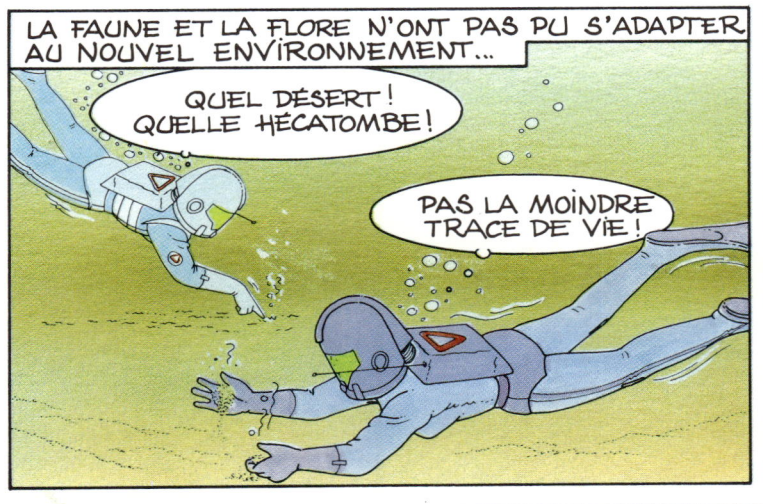

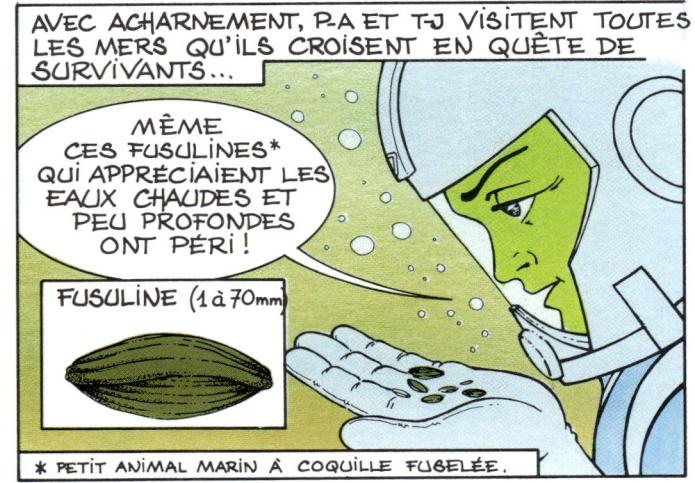

LES MARAIS ABRITENT DE NOUVELLES ESPÈCES ANIMALES : LES REPTILES MAMMALIENS*. LES CARNIVORES (ici Sauroctonus) CHASSENT SANS PITIÉ LEURS "COUSINS" HERBIVORES (ici Lystrosaurus). « C'EST AFFREUX, C'EST COMME SI NOUS, NOUS MANGIONS DES YALLIENS ! » * LIGNÉE QUI CONDUIRA AUX MAMMIFÈRES.	TANDIS QUE LES OCCUPANTS D'A-D-C INSTALLENT LEUR BASE, T-J, P-A ET LEURS MASCOTTES CONTINUENT L'EXPLORATION DU CONTINENT GÉANT.

LA SÉCHERESSE A GAGNÉ DU TERRAIN. LES BASSINS MARINS FERMÉS SONT REMPLIS D'IMMENSES DÉPÔTS DE ROCHES SALINES.

« C'EST LE SEL QUE LA MER LAISSE ! »
« ICI, C'EST ASSEZ PROFOND, PLONGEONS ! »

LA FAUNE ET LA FLORE N'ONT PAS PU S'ADAPTER AU NOUVEL ENVIRONNEMENT… « QUEL DÉSERT ! QUELLE HÉCATOMBE ! » « PAS LA MOINDRE TRACE DE VIE ! »	AVEC ACHARNEMENT, P-A ET T-J VISITENT TOUTES LES MERS QU'ILS CROISENT EN QUÊTE DE SURVIVANTS… « MÊME CES FUSULINES* QUI APPRÉCIAIENT LES EAUX CHAUDES ET PEU PROFONDES ONT PÉRI ! » FUSULINE (1 à 70mm) * PETIT ANIMAL MARIN À COQUILLE FUSELÉE.

SUR LA TERRE FERME, LE MÊME SPECTACLE DE DÉSOLATION ET DE MORT ACCUEILLE LES EXPLORATEURS !

« REJOIGNONS LES AUTRES !… AU SUD, C'EST ENCORE VIVABLE !! »
« CE N'EST PAS UN MONDE POUR NOS ŒUFS !! »
« POUR COMBIEN DE TEMPS ? »

DURANT LE VOYAGE DU RETOUR, L'ESPOIR RENAÎT: DANS LES LAGUNES CÔTIÈRES OÙ L'EAU SE RENOUVELLE ET DANS LES MERS OUVERTES SUR L'OCÉAN, LA VIE N'A PAS TOTALEMENT DISPARU...

TIENS, LA VIE GROUILLE* ICI!

* BEAUCOUP D'INDIVIDUS MAIS PEU D'ESPÈCES.

CERTAINES ESPÈCES ONT BIEN RÉSISTÉ, LES AUTRES SE SONT ÉTEINTES AU TERME DE LEUR LONGUE ÉVOLUTION.*

ADIEU TRILOBITES, EURYPTÉRIDES, GONIATITES, BLASTOÏDES, CALYPTOTOMATES, ACANTHODIENS, TÉTRACORALLIAIRES, ETC... ETC...

ARRÊTE DE DÉPRIMER, IL Y A ENCORE DES POISSONS!

* EXEMPLE: LES TRILOBITES DURANT PLUS DE 300 Ma.

SUR LE CONTINENT, LES SURVIVANTS HANTENT LES FORÊTS DE CONIFÈRES RABOUGRIS ET LES MARÉCAGES...

ON ARRIVE! JE TE LAISSE ANNONCER LE "PROGRAMME"!

MERCI

IL Y A 250 MILLIONS D'ANNÉES, LE PESSIMISME A GAGNÉ LES 676 YALLIENS. LE PERMIEN S'ACHÈVE SUR UNE CATASTROPHE ÉCOLOGIQUE NATURELLE SANS PRÉCÉDENT.

LES BAKOUS, UN PEU TRISTES, ONT REJOINT LEURS ŒUFS EN CACHETTE...

VOUS SAVEZ, MES "COCOS", IL FAUDRA ATTENDRE DES JOURS MEILLEURS POUR ÉCLORE!...

ET CELUI-LÀ, QU'EST-CE QU'ON EN FAIT?

LES CONDITIONS CLIMATIQUES ONT ENTRAÎNÉ EN QUELQUES MILLIONS D'ANNÉES UNE EXTINCTION MASSIVE DE LA FAUNE ET DE LA FLORE...

SONGEZ QUE 3/4 DES FAMILLES D'AMPHIBIENS ET DE REPTILES ONT DISPARU!

ALLONS HIBERNER DANS LE COSMOS, NOUS AVISERONS AU RÉVEIL

4350 MILLIONS D'ANNÉES APRÈS LA FORMATION DE LA TERRE, L'ÈRE PRIMAIRE OU PALÉOZOÏQUE (DU GREC Palaios = ANCIEN, ET DE Zôon = ANIMAUX) PREND FIN.

LA FIN DE L'ÈRE EFFRAIE...

SI CELA PEUT TE RASSURER, IL Y A UNE SUITE!...

GOYALLON - VOMORIN.

FIN DE L'ÉPISODE

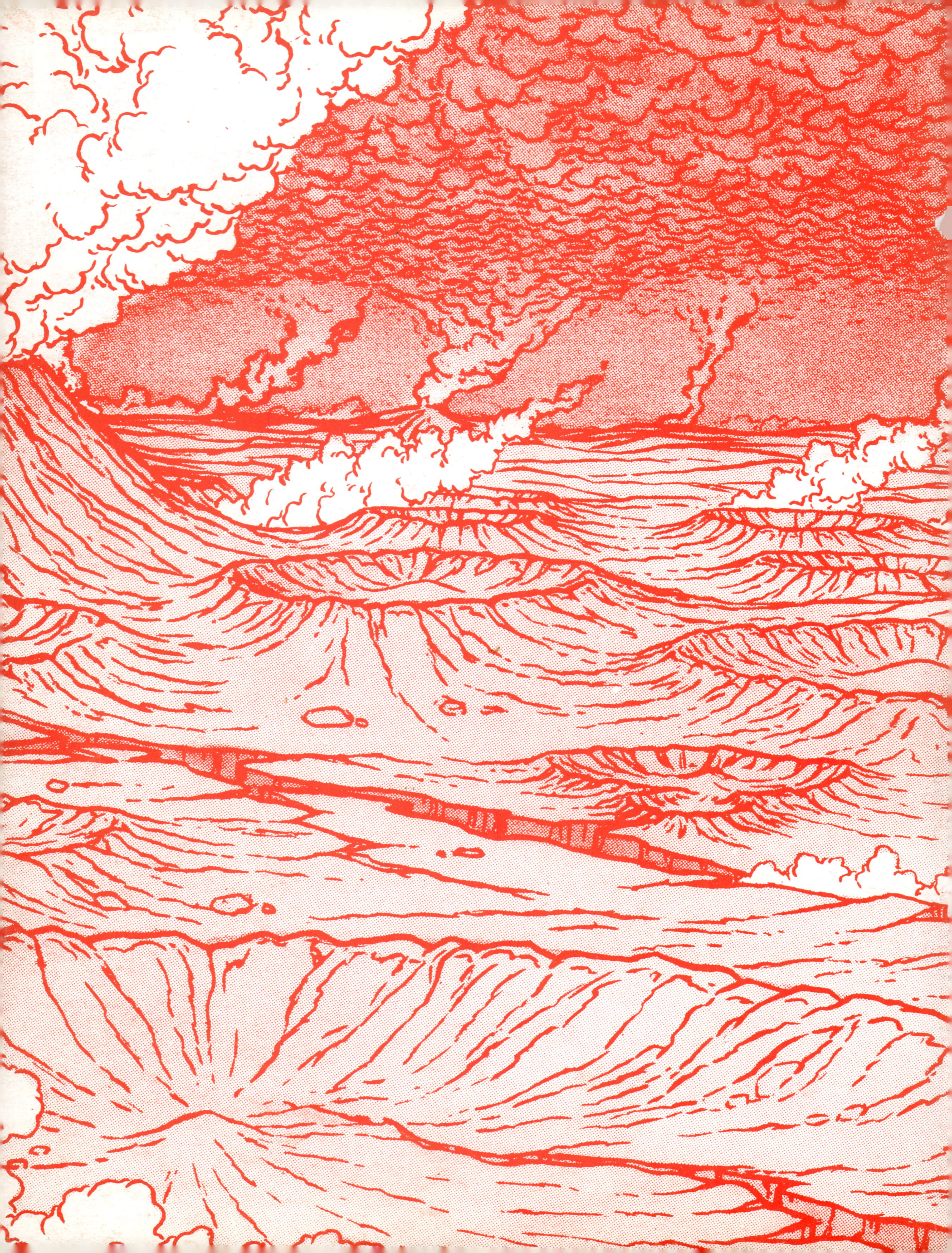